雙

中國筷子

天圆地方

冯旭 著
苗雨 绘

中国友谊出版公司

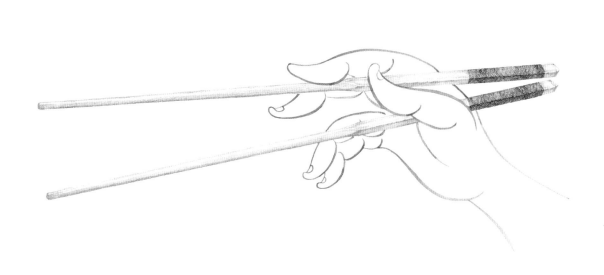

筷子，开启中国饮食文化之源。

天圆地方

中国古人认识世界的思维方式。

筷之圆

天圆则运动变化。

筷之方

地方则收敛静止。

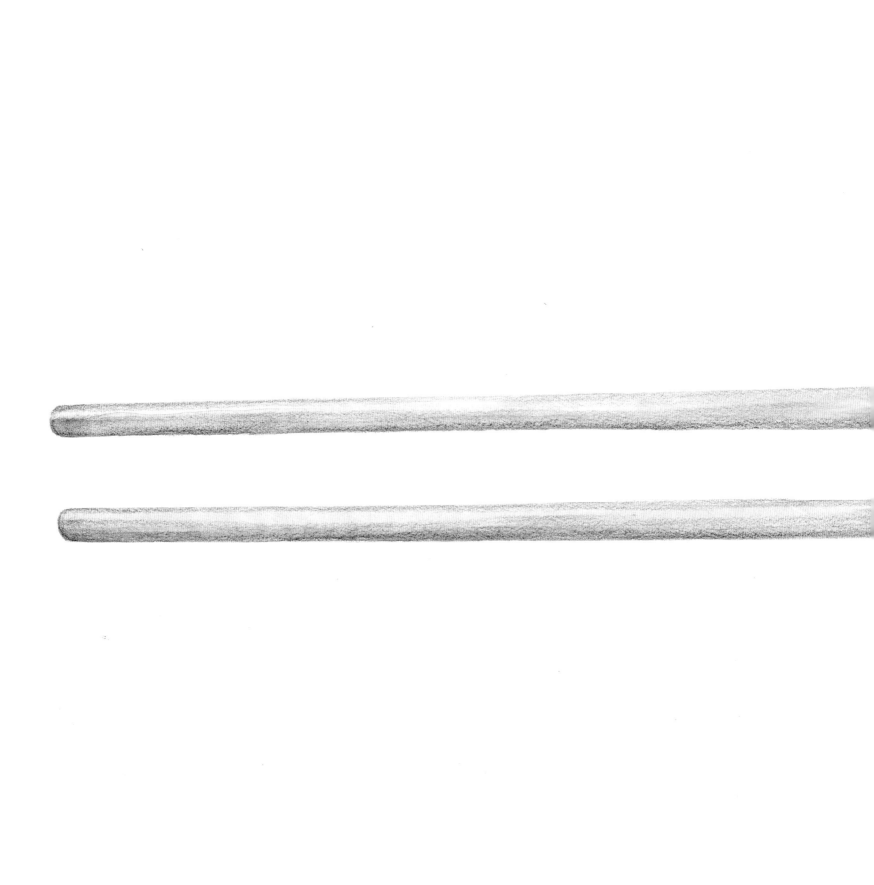

筷之双

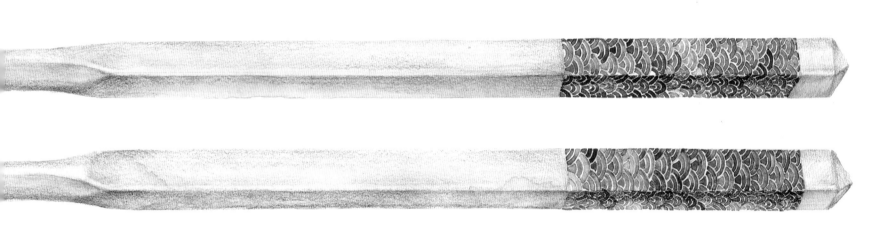

太极是一，阴阳是二；
一就是二，二就是一；
二中含二，合二为一。

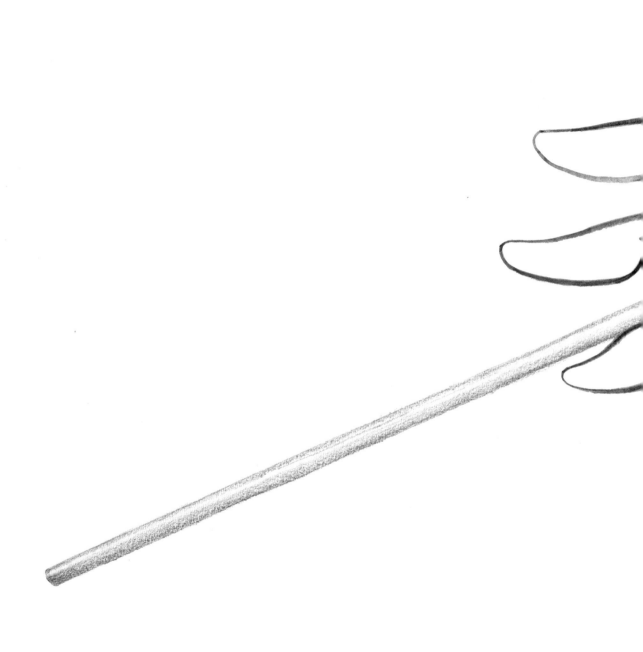

筷之法 （一）

将一根筷子，置于你的中指与无名指之间，延伸过虎口。

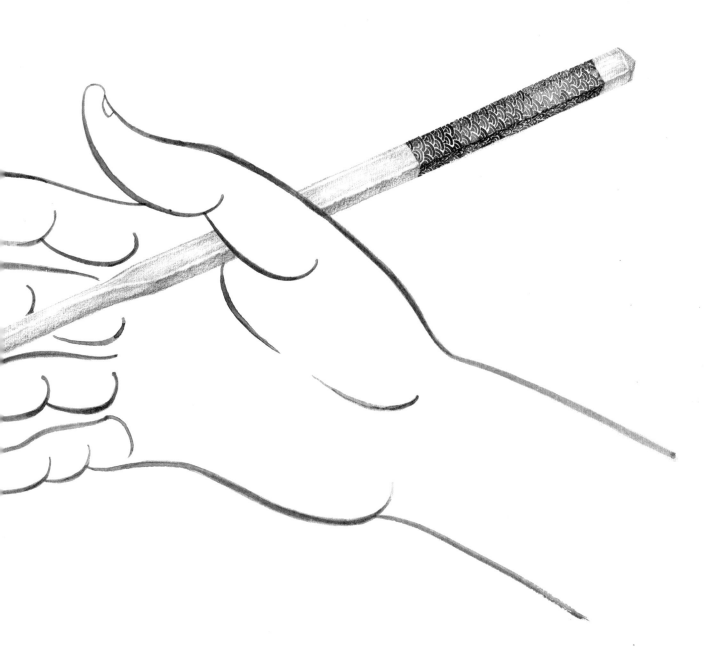

筷之法 （二）

将第二根筷子放置于你的食指与中指之间，拇指压住。

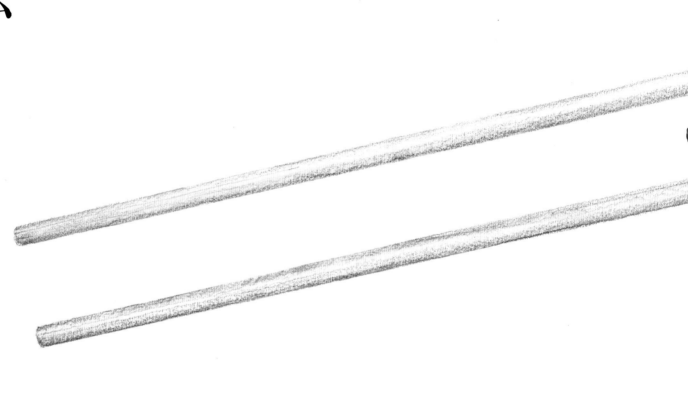

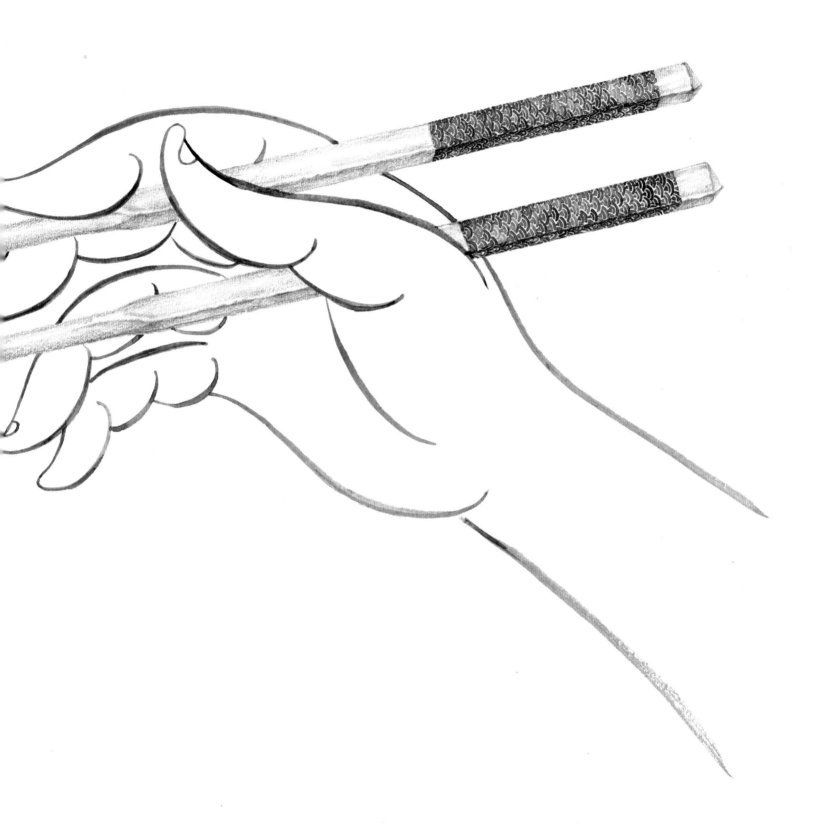

筷之法 （三）

以拇指为支点，中指与食指灵活运动来控制第二根筷子夹取食物。

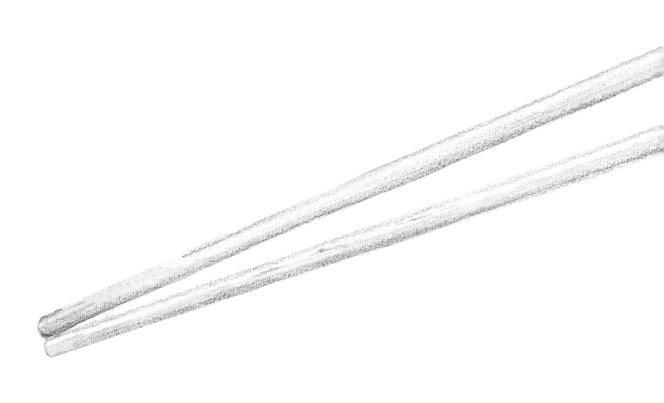

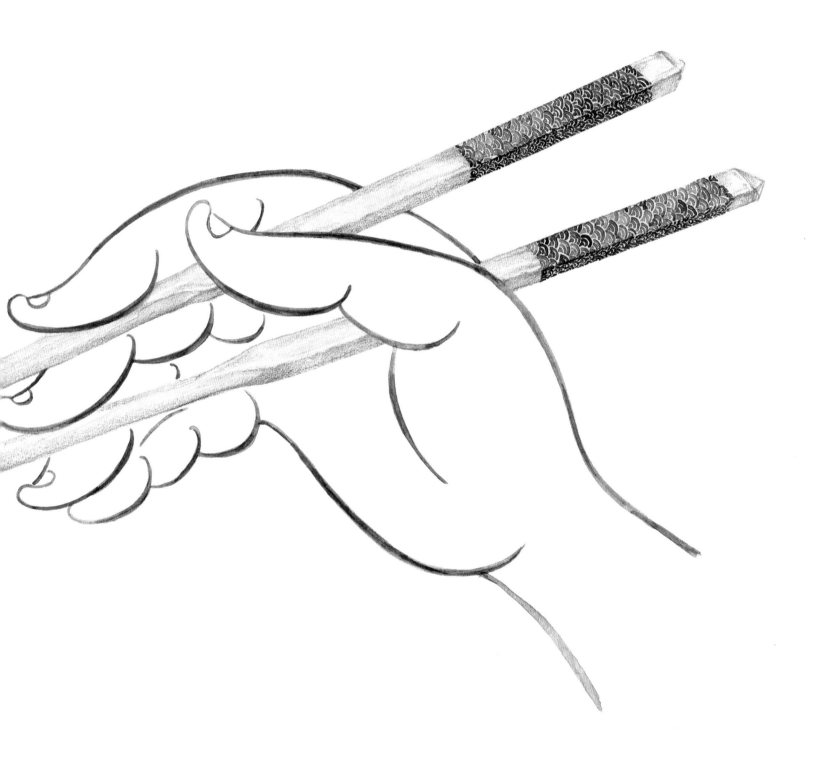

筷之阴阳

主动为阳，从动为阴。

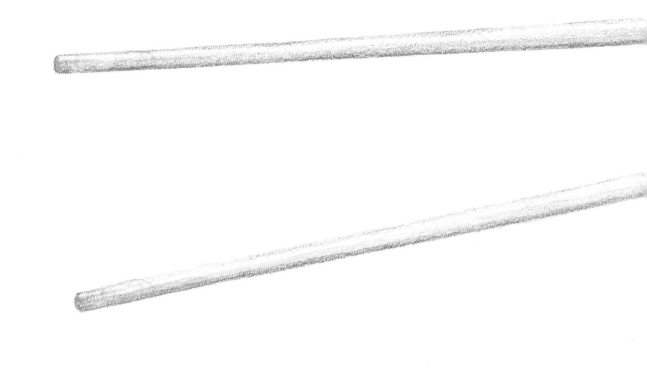

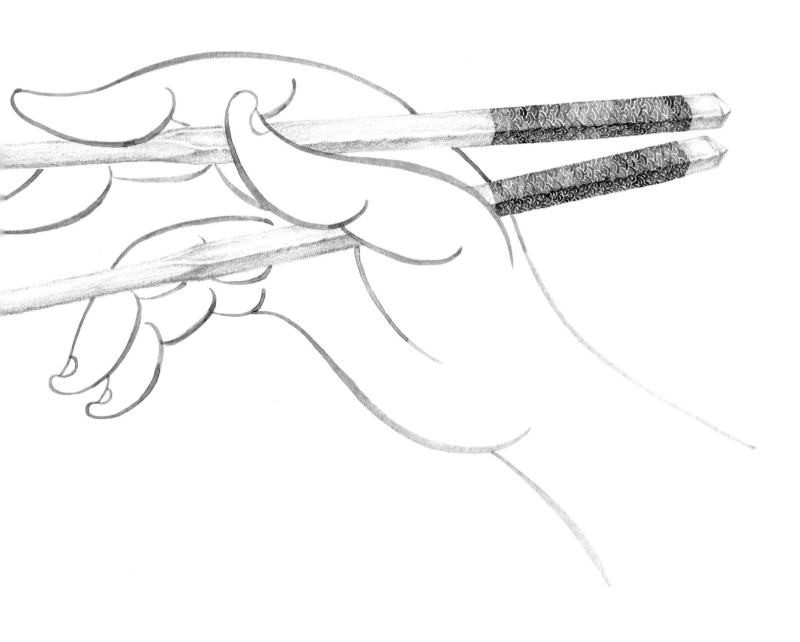

筷之托

摆放功能与装饰之美。

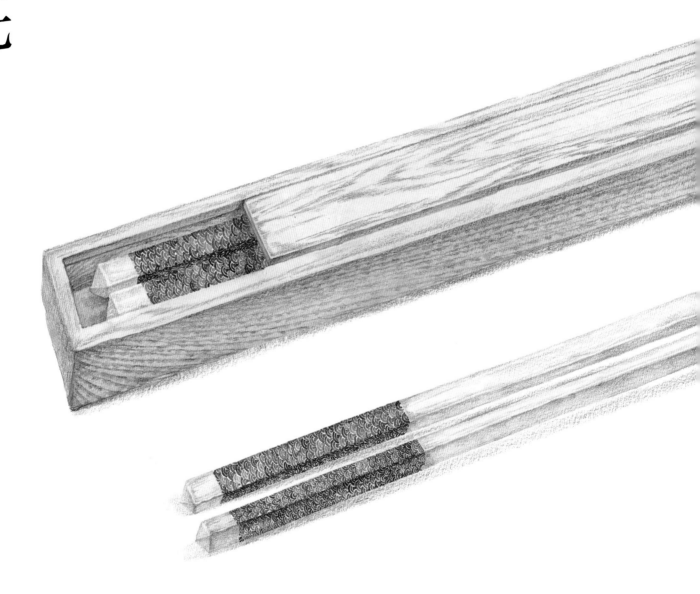

筷之类

有竹、木、金、骨之分。

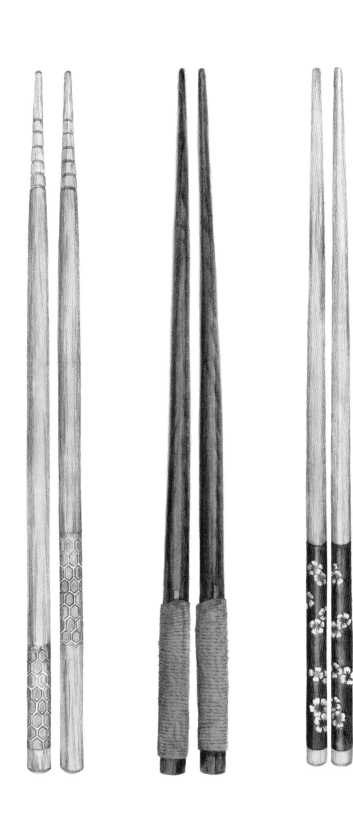

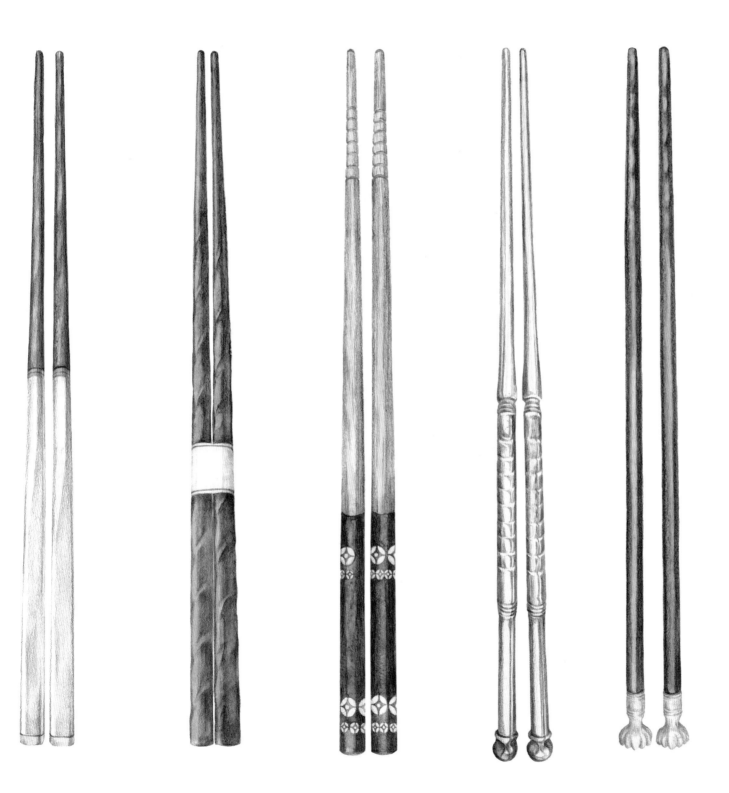

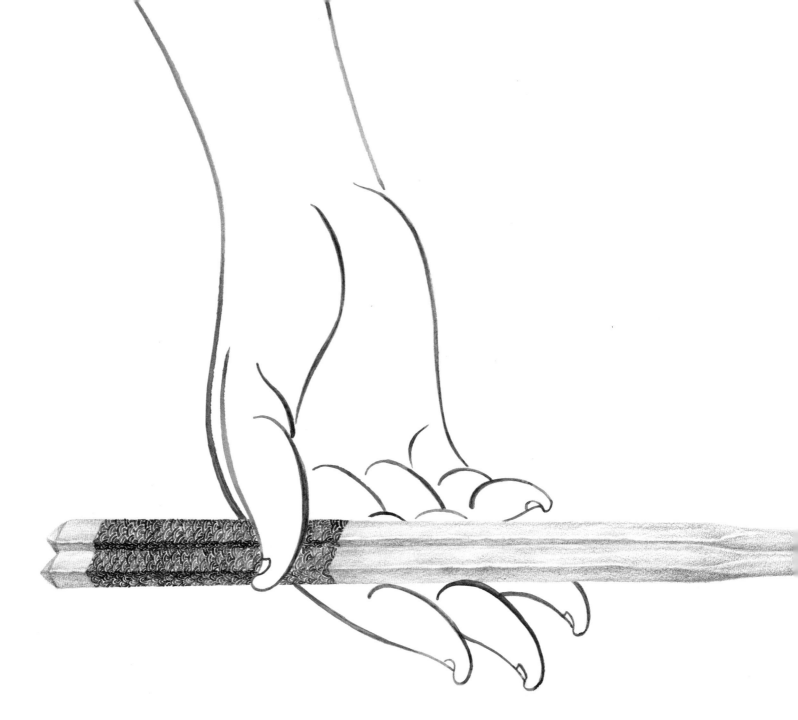

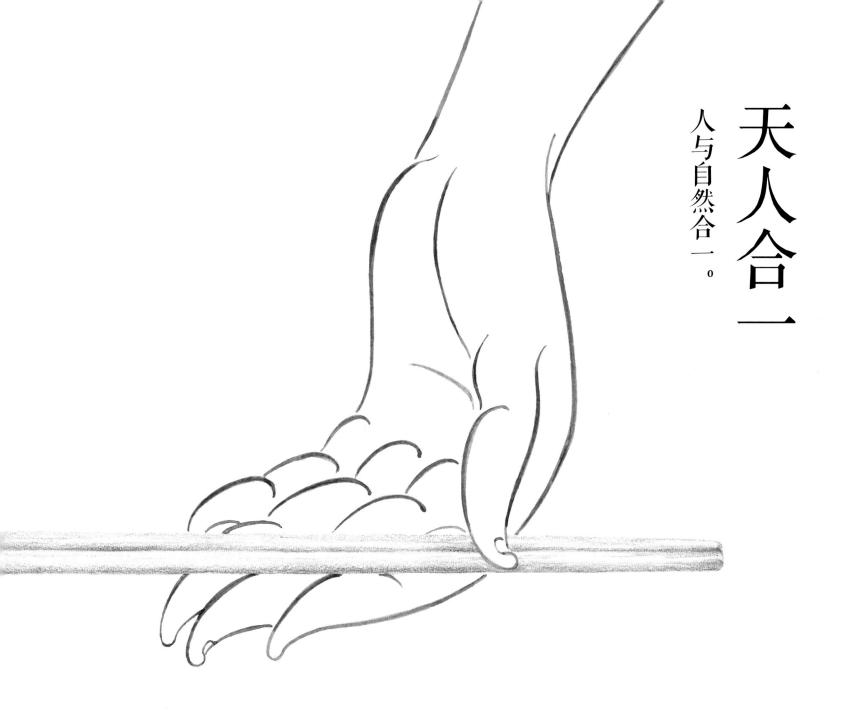

天人合一

人与自然合一。

后记

一件看似平常的餐具，千百年来，它陪伴着中国人的日常饮食。它代表一种功能，方便、朴实、有趣；它代表一种审美，质朴、温暖、静美；它更代表中国文化，方圆、阴阳、融合。它是世界上应用广泛的餐具之一，中国饮食文化的标志，发明于中国，后传入日本、朝鲜、越南等汉字文化圈，它就是中国筷子。

纵观全球，人类的进餐工具可以分为三类：筷子、刀叉和手指。凡是使用过筷子的人，不论是华人还是外国人，无不钦佩中国古人的这一发明。它是中国文化的典型符号，蕴含了中国人的智慧。筷子来源于自然山水之间，表达了中国古人对世界的认识，天圆地方、天人合一，传达着中国作为礼仪之邦的家国精神。

本书用筷子作为引发思考的种子，让我们的孩子面对习以为常的生活方式以及日常器物，能体会到其深厚的文化底蕴，在使用它的时候多一份思考，在我们的寻常日用之中，处处都蕴藏着天地之间的大道，也许这种思考对于当今的多元社会显得更加重要。希望我们的孩子能凝视这些画面，体会以小见大、化繁为简的思考方式，可能还会引发更多的独特诠释。

中国符号系列绘本 推荐文

　　孩子比成年人更容易好奇，好奇自己，自己的家，家中的人、事、物，然后扩大到整个社会、国家……

　　孩子像历史学家，问自己的来源；像文化人，问祖辈的生活、事与物；像哲学家会思考……

　　怎么让他们满足上述的想象与求知，这套"中国符号绘本"可以由亲子阅读来完成。

　　孩子正是未来的主人翁，有了这套文化绘本，让他们由中国符号学习祖先的智慧，来完成中华民族伟大"中国梦"的传承与发扬。

黄永松

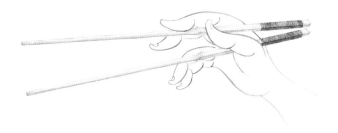

作者简介

冯旭，中央美术学院绘本创作工作室导师，iMadeFace/CosFace 创始人，艺伙（ARTFIRE）创始人，2002 年获清华大学美术学院学士学位，2008 年获中央美术学院硕士学位，广泛参与国内外展览及艺术活动。

绘者简介

苗雨，2019 年研究生毕业于中央美术学院绘本创作工作室，作品《世界的外面》获小凉帽国际绘本展览金奖和金风车国际插画展览特别提名奖，作品《迁寻》获菠萝圈儿国际插画大赛中国原创奖。现工作于故宫博物院。

出 品 人：许　永
出版统筹：海　云
艺术总监：冯　旭
责任编辑：许宗华
特邀编辑：韩　晴
装帧设计：李嘉木
印制总监：蒋　波
发行总监：田峰峥

投稿信箱：cmsdbj@163.com
发　行：北京创美汇品图书有限公司
发行热线：010-59799930

创美工厂　　创美工厂
官方微博　　微信公众号

图书在版编目（ＣＩＰ）数据

中国筷子：天圆地方 ／ 冯旭著；苗雨绘. —— 北京：中国友谊出版公司，2019.10（2022.11重印）

ISBN 978-7-5057-4281-9

Ⅰ．①中… Ⅱ．①冯… ②苗… Ⅲ．①筷－文化－中国－通俗读物 Ⅳ．①TS972.23-49

中国版本图书馆CIP数据核字(2017)第312044号

书名	中国筷子：天圆地方
作者	冯旭
绘者	苗雨
出版	中国友谊出版公司
发行	中国友谊出版公司
经销	新华书店
印刷	北京中科印刷有限公司
规格	787×1092毫米　12开
	3印张　18千字
版次	2019年11月第1版
印次	2022年11月第4次印刷
书号	ISBN 978-7-5057-4281-9
定价	49.80元
地址	北京市朝阳区西坝河南里17号楼
邮编	100028
电话	(010) 64678009

电话　(010) 59799930-601